Anja Budich

Historische Klimatologie. Auswertung schriftlicher Quellenhinweise und bildhafter Informationen

GRIN Verlag

Bibliografische Information der Deutschen Nationalbibliothek:

Die Deutsche Bibliothek verzeichnet diese Publikation in der Deutschen National-
bibliografie; detaillierte bibliografische Daten sind im Internet über http://dnb.d-
nb.de/ abrufbar.

Impressum:

Copyright © 2009 GRIN Verlag GmbH
Druck und Bindung: Books on Demand GmbH, Norderstedt Germany
ISBN: 978-3-656-53742-7

Dieses Buch bei GRIN:

http://www.grin.com/de/e-book/264272/historische-klimatologie-auswertung-
schriftlicher-quellenhinweise-und

Universität Augsburg
Fakultät für Angewandte Informatik
Lehrstuhl für Physische Geographie und Quantitative Methoden

Auswertung schriftlicher Quellenhinweise und bildhafter Informationen

Hauptseminar: Historische Klimatologie (WS 09/10)
Leitung: Frau Dr. Ulrike Beyer

Budich, Anja Stephanie
LA GY (D/ Geo) 7. Semester

Abgabetermin: 19.10.2009

Abbildungsverzeichnis

Tabellenverzeichnis

Inhaltsverzeichnis

1 Einleitung

„Die Geschichte der Witterungsbeschreibungen ist ein Spiegel menschlicher Bemühungen zur Bewältigung der jeweiligen Gegenwart und der Zukunft." (PFISTER 1999, S. 18)

Wetter, Klima und Klimakatastrophen sind Themenkreise, welche die heutige Gesellschaft, aber auch die im Mittelalter in besonders großem Maße berühren.

Schon vor ca. 700 Jahren beobachteten die Menschen Wetter, Witterung und Klima fast genauso intensiv wie jetzt, in Zeiten in denen der Klimawandel eine große Rolle spielt. Auch wenn sie keine instrumentellen Messapparate zur Verfügung hatten, war es ihnen doch möglich sich durch genaue Aufzeichnungen mit dem Klima zu beschäftigen. Von je her wurden die apokalyptischen Szenarien wie Unwetter oder Überschwemmungen in verschiedenen Weisen von Wetterbeobachtern dargestellt und stießen beim breiten Publikum auf großes Interesse.

Doch welches Wetter, welches Klima herrschte in Deutschland und Mitteleuropa in den vergangenen 700 Jahren? Wer waren diese Wetterbeobachter? Welche Mittel hatten sie zur Verfügung? Wie lassen sich die gewonnenen Werte in exakte Klimadaten umwandeln? All diesen Fragen wird auf den folgenden Seiten nachgegangen.

2 Ein kurzer Abriss zur Klimageschichte

„Die sogenannte Historische Klimatologie verfolgt die Rekonstruktion und die Interpretation vergangener Klimate und vergleicht diese mit aktuellen und zukünftigen Klimaentwicklungen. Sie stellt damit nicht nur einen wichtigen Beitrag zur Entschlüsselung unseres Klimasystems dar, sondern bietet auch vielfältige Verknüpfungen mit den Umweltwissenschaften und der Geschichtswissenschaft." (hisklid)

Schon seit der Antike ist das Klima eines der bedeutendsten Themen menschlicher Reflexion. Wissenschaftler und Philosophen wie Plato, Aristoteles und Montesquieu waren sich schon damals über die herausragende Bedeutung des Klimas bewusst, nämlich dass es die Grundlage der menschlichen Zivilisation bildet und ihre besonderen Formen hervorbringt. (Vgl. PFISTER, 1999)

Demnach sind uns auch die ältesten Zeugnisse klimatologischer Denkweise aus dem klassischen Altertum überliefert. Um 500 v.Chr. wurde von Parmenides von Elea der Versuch unternommen, Klimazonen in der damals unbekannten Welt zu unterscheiden.

Der Begriff *Klima* stammt von den Griechen selbst ab und bedeutet soviel wie „Neigung". Nach den Angaben von Poseidonios offenbart sich darin schon ein Wissen um die Breitenabhängigkeit der Sonnenhöhe. Ursprünglich wurden als *Klimata* jedoch Parallelstreifen gleicher Sonnenhöhe beziehungsweise Tageslänge mit je halbstündigem Abstand, somit noch keine Wärmezonen, bezeichnet.

Aristoteles gilt als Begründer der Meteorologie, da er diesen Begriff erstmals in seinen Werken „Über den Himmel" und „Über die Welt" verwendete. Diese Werke enthalten ebenso viele klimatologische wie meteorologische Ableitungen, da es in der damaligen Zeit noch keine Trennung zwischen den beiden Wissenschaften gab. (Vgl. BLÜTHGEN, 1980)

Die historische Klimatologie kann als Brücke zwischen der Neo- und Paläoklimatologie verstanden werden. Sie beinhaltet vornehmlich historische Aufzeichnungen wie Gemälde und Mythen, die Rückschlüsse auf das Klima vergangener Zeiten zulassen. Auch Witterungstagebücher von bestimmten Persönlichkeiten wie etwa von Ptolemäus in Alexandria (127 – 151 n.Chr.), Merle in England (1337 – 1344), Haller in Zürich (1545 – 1576), Kepler in Linz (1617 – 1626) und Knauer in Langheim (1652 – 1658) werden in der historischen Klimatologie behandelt.

Sogar Annalen und Chroniken der öffentlichen Verwaltung werden oftmals zur Rekonstruktion vergangener Klimate herangezogen, wenn sie klimatologische Hinweise enthalten. Allerdings ist es von großer Schwierigkeit die verbalen Informationen zu quantifizieren und in Verbindung zu den neoklimatologischen Messreihen zu bringen.

Jedoch ist es auf diese Weise zwei Klimatologen gelungen jeweils eine historische Klimatologie zu erstellen. Pfister (1999) rekonstruierte mit Hilfe von thermischen und hygrischen Indizes und Messzahlen für die Temperatur- und Niederschlagsvariation so die Klimadaten der Schweiz für die vergangenen 500 Jahre, Glaser (2001) sogar eine Klimageschichte Mitteleuropas für die letzten 1000 Jahre.

Allerdings enthalten viele Informationen nur eine indirekte Beschreibung des Wetters.

Auch Informationen über Nilfluten von vor ca. 3050 v. Chr. sind uns bekannt und zählen zu den ältesten klimatologischen Informationen die überliefert sind. Oftmals sind auf Gemälden und später auf Fotographien augenblickliche Zustände festgehalten, die z.B. Gletscher, katastrophale Ereignisse oder Zerstörungen von Brücken zeigen. (Vgl. Abb. 1)

Abb. 1 Vernagt-Ferner in Österreich
Quelle: SCHÖNWIESE 1994, S. 38

Die ältesten historischen Informationen entnehmen die Klimatologen den Höhlenmalerein des Tassili-Gebirges in Algerien (6. Jt. v. Chr.). Sie stellen Jagdszenen bei niederschlagsreicherem Klima als heute dar. (Vgl. SCHÖNWIESE, 2003)

Ein weiteres Feld der indirekten historischen Klimatologie ist die Phänologie. Sie beobachtet und charakterisiert bestimmte Wachstumsphasen der Pflanzen wie z.B. den Blühbeginn bestimmter Arten, die Fruchtreife und die Laubverfärbung. Seit 812 n.Chr. wird in Japan der Beginn der Kirschblüte festgehalten, sowie seit dem 13. Jh. Anhaltspunkte über das Zufrieren des Bodensees auf alten Gemälden und Zeichnungen zu finden sind. Häufig wird auf Gemälden eine sehr realistische Darstellung der Alpengletscher dargestellt. Sie zeigen uns den ständigen Wechsel zwischen dem Gletscher Rückzug oder Vorstoß. Die Gletscherschwankungen geben ihrerseits wiederum sehr korrekte Hinweise auf die Klimageschichte, wie in Abbildung 1 zu sehen ist. (Vgl. SCHÖNWIESE, 1994)

Auch die Bibel enthält eine Menge treffender Angaben über Witterung und Klima im Orient. Bei Ezechiel I,4f heißt es: *„Ich sah: Ein Sturmwind kam von Norden, eine große Wolke mit flackerndem Feuer, umgeben von einem hellen Schein. Aus dem Feuer strahlte es wie glänzendes Gold."* (HÖFFNER et. al., 1980, S. 948)
An dieser Stelle wird ein Wirbelsturm zur Zeit der babylonischen Gefangenschaft der Juden ca. 590 v. Chr. beschrieben.

Albertus Magnus (1193-1280) betrachtete in seinem Werk „liber de natura locum" die klimatischen Schwankungen unter dem Wendekreis und unter dem Äquator. Er spekulierte über die Bewohnbarkeit dieser Regionen. Dieses Werk enthält zahlreiche klimatologische Überlegungen wie z.B. *„Orte, die sich dem kalten und gemäßigten Klima nähern, sind warm und feucht sobald sie an Meeren liegen. Außerdem haben sie mehr Feuchtigkeit als die Wärme absorbieren kann, sie sind deshalb sehr wasserdampfhaltig."*
„Wenn ein Ort im Norden Berge hat, so wird er warm liegen, weil er gegen den Norden geschützt ist, kalt dagegen, wenn die Berge im Süden liegen und besonders, wenn diese Schnee tragen."
(vgl. KRETSCHMER 1889, S. 144)

3 Typisierung der klimatischen Daten

Das gesamte Datenmaterial kann man nach zwei unterschiedlichen Gesichtspunkten gliedern. Zum einen nach seiner Herkunft und der Art der Erscheinung, zum anderen nach dem Bezug zu gemessenen Parametern wie Temperatur und Niederschlag..

Isotope, Sedimente, Pollen und Baumringe zählen zu den Proxydaten und stammen aus den Archiven der Natur. Demgegenüber stehen die Daten aus den Archiven der Gesellschaft, die sich wiederum in zwei inhaltlich verschiedene Datentypen aufgliedern; in direkte bzw. indirekte Daten sowie in organische und anorganische Daten. Siehe Abbildung 2.

> ➢ Zu den direkten Daten zählen unmittelbare Beobachtungen von Witterungsverläufen und Klimaparametern sowohl in verbaler Form von Beschreibungen auf unterschiedlichen Zeitskalen (kurz-, mittel- und langfristig), als auch in schriftlicher numerischer Form von instrumentellen Messungen.
>
> Einige von diesen wurden veröffentlicht, einige findet man auch in handschriftlichen Chroniken, Briefen und Tagebüchern, die sich in privaten und obrigkeitlichen Buchhaltungen in Stadt-, Regional- und Lokalarchiven befinden. Man findet jedoch auch einige Beobachtungen an Hausfassaden oder in Stein eingemeißelt.
>
> Je extremer ein Ereignis war, desto häufiger und ausführlicher wurde es geschildert.
>
> ➢ Die indirekten – oder auch Proxydaten genannt – lassen sich ebenso wie die Daten aus den Archiven der Natur in Zeitreihen aufbereiten und mit statistischen Methoden kalibrieren, sie werden also zu Klimaparametern in Beziehung gesetzt. Auf sie wird in einer weiteren Hausarbeit genau Bezug genommen und werden daher an dieser Stelle nur der Vollständigkeit halber erwähnt.
>
> ➢ Beobachtungen über den Stand und die Vereisung von Gewässern aber auch über Schneefall und Schneeabdeckung in verschiedenen Höhenlagen zählen zu den nicht organischen Daten.
>
> ➢ Zu den organischen Daten wiederum zählen Beobachtungen, in denen die Aktivität von lebenden Organismen umschrieben wird, wie z.B. die Wachstumsdynamik von wilden und kultivierten Pflanzen (= phänologische Daten), aber auch die Qualität und der Zuckergehalt des Weinmostes (=önologische Daten).

Inhalt	Archive der Natur		Archive der Gesellschaft		
Direkte Daten – Beobachtung von Wetter- erscheinungen oder – Messung von Klimaelementen				*Beschreibungen* – Anomalien – Naturkatastrophen – Witterungsverläufe – tägliches Wetter	*Messdaten* – Luftdruck – Temperatur – Niederschlag – Pegel, usw.
Indirekte oder Proxydaten – Spuren klimatisch beeinflusster Prozesse	*organische* – Baumringe (Breite, Dichte) – Tier- und Pflanzenreste – Fossiles Holz – Fossile Pollen und Sporen – Torfbildungen, usw.	*nicht organische* – Eisbohrkerne – terrestrische Sedimente – Seesedimente – Gletscher- ablagerungen – Rinnenfüllungen, usw.	Historische Dokumente	*organische* – Blüte und Reifezeit von (Kultur-)Pflanzen – Erntetermine von Kulturpflanzen – Weinmosterträge – Zuckergehalt von Weinmost	*nicht organische* – Wasserstände von Flüssen und Seen – Vereisung von Flüssen und Seen – Schneefälle – Dauer der Schneebedeckung
				religiöse Quellen *Bildquellen, Karten* *Inschriften*	– Bittprozessionen – Hoch- und Niedrigwassermarken
			Sachquellen	– archäologische Reste	

Abb. 2: Typen von klimageschichtlichen Daten
Quelle: PFISTER 1999, S. 16

Einige Daten, die aus den Archiven der Natur stammen, reichen in chronologischer Abfolge Jahr-
tausende bis Jahrhunderttausende weit in die Vergangenheit zurück. Jedoch kann man durch sie
in der Regel keine Rückschlüsse auf Witterungsverläufe und Naturkatastrophen ziehen. Ganz im
Gegensatz zu den Daten aus den Archiven der Gesellschaft, in denen diese Rückschlüsse möglich
sind, sie jedoch höchstens zurück bis ins Mittelalter greifbar sind.

Auf eben diesen verschiedenen Zeitarchiven der Gesellschaft wird in den folgenden Gliederungs-
punkten eingegangenen. (Vgl. PFISTER, 1999)

4 Auf Spurensuche: Quellen, Daten und Zitate

4.1 Chroniken und Annalen: Die ersten Spuren von Wetter, Witterung und Klima

In Chroniken findet man die ersten greifbaren Beschreibungen von Wetter, Witterung und Klima in Mitteleuropa. (Vgl. GLASER 2008) Häufig beschreiben klimasensible Chroniken die Verhältnisse innerhalb
eines kleinen Territoriums, das einer Stadt oder einem Kloster gehörte. Sehr reichhaltig an klimatischen
Informationen sind vor allem die vom 16. Jahrhundert an aufkommenden Bauern- und Dorfchroniken,
soweit die Editionen nicht verständnislos gekürzt worden sind. (Vgl. PFISTER, 1999; LAMB, 1982) Sporadisch geäußerte Passagen von meist extremen Klimaereignissen, die große Schäden verursachten,
werden somit für die Nachwelt hinterlassen, da sie von extremer Bedeutung waren. Jedoch gab es
früher weder einen objektivierbaren Kriterienkatalog noch ein nachvollziehbares Schema, deshalb sind

die Äußerungen unsystematisch und sporadisch und macht es den Klimaforschern schwer sie in gleichartige, kontinuierliche und quantifizierbare Angaben zu übersetzen.

Trotz dieser Ungenauigkeiten sind diese historisch-klimatologischen Auswertungen unverzichtbar, weil sie die einzigen direkten Informationen aus dieser Zeit sind.

Es wurden in den Chroniken und Annalen hauptsächlich thermische Anomalien wie z.B. extreme Sommer oder Winter beschrieben, wobei man Vorsicht walten lassen sollte, denn früher wurde das Jahr in nur zwei Jahreszeiten eingeteilt, aber auch hygrische Extreme wie Überschwemmungen und Sturmfluten wurden festgehalten. (Vgl. GLASER, 2008)

Der Wechsel von guten und schlechten Ernten, der Ausbruch von tragischen Epidemien, der Kampf um und gegen Feuer und Wasser, die Hexenverbrennungen und die Jagd nach Wölfen setzten zur damaligen Zeit im dörflichen Alltag die Akzente, viel stärker als politische Ereignisse in der fernen Hauptstadt oder sogar militärische Auseinandersetzungen im Ausland. Das Wetterbüchlein von Ulrich Bräkers (1735-1798) ist das wohl berühmteste Werk dieser Art von ländlicher Geschichtsschreibung. (Vgl. PFISTER, 1999)

Das bedeutendste und zugleich älteste Beispiel einer solchen Chronik sind die in Latein verfassten Witterungsaufzeichnungen des fränkischen Magisters Enno aus Würzburg.

1331 schrieb er beispielsweise „Überschwemmung, welche die Häuser in Berchem fortspülte", 1335 „großer Wind in Würzburg", sowie 1343 „große Wärme". (GLASER, 2008, S. 14)

Um die Stärke oder das Ausmaß eines Ereignisses deutlicher werden zu lassen bediente man sich einer besonders bildhaften Sprache. Oft wurden unrealistische Vergleiche wie etwa *„War der Winter so kalt, dass die Vögel tot vom Himmel filen"* aufgeführt oder man verwendete Stereotypen wie *„seit Menschengedenken nicht mehr"*. (GLASER, 2008, S. 14)

Hinweise auf das Zustandekommen der Chroniken sowie auf den Autor oder andere wichtige Informationen, die für die quellenkritische Analyse von großer Bedeutung sind, findet man zumeist in den einleitenden Kapiteln. Jedoch bleibt eine Restunsicherheit in Bezug auf Datierungsungenauigkeiten, Übertragungsfehler sowie Mehrfachnennungen weiter bestehen. In zahlreichen Fällen kommt hinzu, dass das Originalmaterial nicht mehr einzusehen ist, was eine Überprüfung der Informationen nicht mehr möglich macht. Dennoch bieten uns Annalen und Chroniken einen einzigartigen und einmaligen Datenfundus für die historische Klimatologie. (Vgl. GLASER, 2008)

In Augsburg sind über 70 solcher Chroniken in den Bibliotheken einsehbar, die sehr wertvolle Details zum Thema Wetter, Witterung und Klima enthalten. Im Laufe der Jahre nahm die Zahl der Überlieferungen ständig zu, ebenso die räumliche Dichte steigerte sich von Jahrhundert zu Jahrhundert.

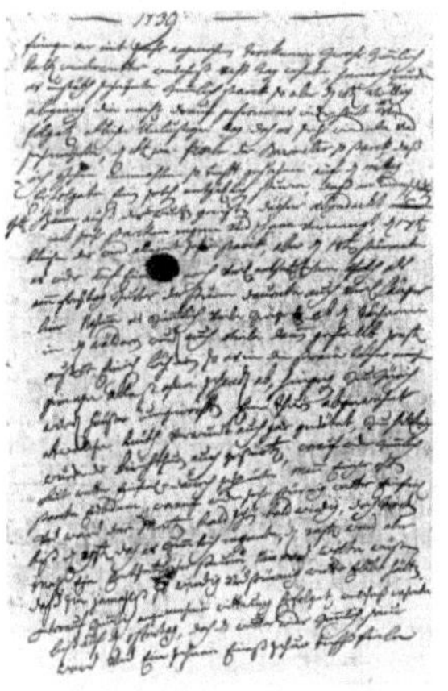

Auch in Familien- und Hauschroniken, die in großer Fülle vorhanden sind, findet man zahlreiche Informationen über Wetter, Witterung und Klima z.B. in Rechnungsbänden, Senatsprotokollen und Gerichtsakten. Sie dokumentieren beispielsweise die Ernteausfälle, die durch die entsprechenden Witterungsschäden erklärt werden, sowie den Einsatz von Finanz- und Sachmitteln bei Klimakatastrophen. So kann das Raummuster von Hagelschäden ebenso nachgezeichnet werden wie Windfälle nach Stürmen und Orkanen, Deichbrüche nach Sturmfluten oder Zerstörungen bei Hochwasser. (Vgl. PFISTER, 1999)

Abb. 3: Ausschnitt aus dem Tagebuch Johann Bernhard Effingers (1701-1772)
Quelle: PFISTER 1999, S. 25

Die Dhein-Chronik

Die Dhein-Chronik ist eine Chronik aus dem frühen 18. Jahrhundert. Der Chronist Georg Friedrich Dhein wurde am 14. Februar 1676 in Hanau geboren, wo er auch am 9. März 1746 starb. Aus den Unterlagen geht hervor, dass er 1705 zum Hanauer Chronisten und 1707 zum städtischen Waagemeister ernannt wurde. Diese genannten Ämter lassen auf eine gehobene und überdurchschnittliche Schulausbildung schließen. Auch erforderte seine berufliche Aktivität Exaktheit, welche mit Sicherheit auch Einfluss auf seine persönlichen Beobachtungen hatte.

Die erste Eintragung in der Chronik ist aus dem Jahr 369, wobei es sich hierbei natürlich nicht um die eigenen Beobachtungen von Wetter, Witterung und Klima handelt. Georg Friedrich Dhein bediente sich alten Quellen und Zitaten, jedoch weist die Chronik bis ins 14. Jahrhundert große Lücken auf. Zwischen 1400 und 1700 sind ca. 40 % der Angaben mit Zitaten belegt, er verwendete vor allem lokale Quellen und Materialien, meist Originalzitate, denn sein Ziel war die Verifikation sämtlicher Angaben. Es wird angenommen, dass ab 1700 die Eintragungen allesamt aus eigenen Beobachtungen resultieren, etwa fünf Jahre später verfolgt er die Geschehnisse von Amts wegen. Dhein benutzte etwa 20 verschiedene Quellen wie z.B. die Fries-Chronik aus Würzburg oder die Topographica von Merian.

Einen Aspekt darf man nicht Außen vor lassen: Wie alle derartigen Annalen und Chroniken wurden sie nicht unter wetter- oder witterungsrelevanten Gesichtspunkten erstellt. (Vgl. GLASER, 2008)

4.2 Wetterjournale: Als das Wetter zum täglichen Ereignis wurde

Ab dem 15. Jahrhundert kristallisierte sich eine neue Quellengattung heraus, die Wetterjournale. In ihnen fand man tägliche systematische Beobachtungen sowie Eintragungen in Kalendarien oder Messjournalen. Die Wetterjournale erfüllen somit die Forderungen nach homogenen, kontinuierlichen, gleichartigen und quantifizierbaren Daten und lassen deshalb weitreichende klimatische Aussagen zu. Sogleich stellen sie einen erheblichen Gegensatz zu den sporadischen und unsystematischen Eintragungen in Annalen und Chroniken dar. Die Eintragungen wurden oftmals mehrmals täglich und über Jahre hinweg vorgenommen.

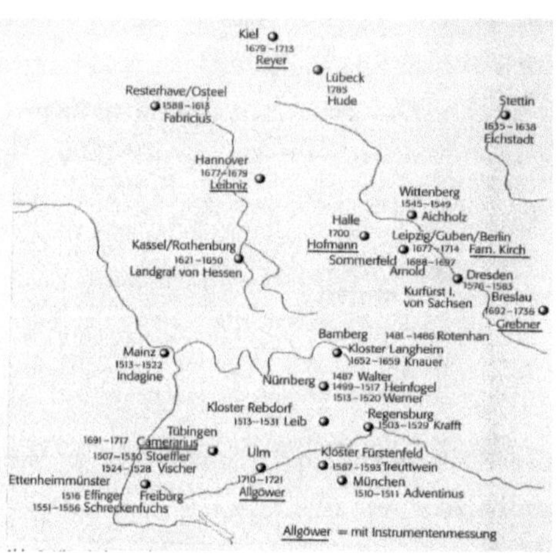

Abb. 4: Historische Beobachter und ihre Zeit
Quelle: GLASER 2008, S. 17

Nun stellt sich die Frage warum sich zu jenem Zeitpunkt diese neue Quellgattung auftat. Diese Frage ist leicht zu beantworten. Zeitgeschichtliche Faktoren wie der Buchdruck in den 20er Jahren des 15. Jahrhunderts oder die Renaissance der Naturwissenschaften ließen in Mitteleuropa das humanistische Gedankengut aufkommen. Ganze Wissenschaftszweige wie etwa Mathematik, Astronomie und Astrologie stellte man in den direkten Zusammenhang zur Geographie, deshalb auch die verstärkten klimatologischen Betrachtungen. (siehe Abb. 4)

Die Intentionen der einzelnen Beobachter waren verschieden. Besonders häufig findet man jedoch Versuche, aus mehrjährigen Beobachtungen Prognosen abzuleiten, die dann in Beziehung zu astrologischen Konstellationen gesetzt wurden. Auch wollte man die Verknüpfung zwischen Witterungsablauf und Ernteertrag ergründen, andere Beobachter stellten die Witterungsvorgänge in Zusammenhang mit der Medizin. Die Anzahl der erhaltenen astronomischen Jahrbücher lässt darauf schließen, dass sie früher zu echten Bestsellern zählten.

Die ersten Zentren der wissenschaftlichen Betätigung waren in großen Städten wie Nürnberg oder Augsburg, denn dort konzentrierte sich auch die wirtschaftliche, kirchliche oder politische Macht. Es ist bekannt, dass gerade aus Süddeutschland besonders viele und aufschlussreiche Wetterbeobachtungen dieser Zeit vorliegen. Gerade in den Klöstern findet man die aussagekräftigsten Wetterjournale aus dem 16. und 17. Jahrhundert. (Siehe dazu Tabellen 1 und 2)

Darunter fallen z.B. auch die Beobachtungen des Prior Kilian Leib aus dem 16. Jahrhundert aus dem Augustinerherrenstift Rebdorf bei Eichstätt, die des Abtes Leonhard III. Treuttwein aus dem Zisterzienserkloster Fürstenfeld in Bayern sowie die Beobachtungen des Abtes Mauritius Knauer aus dem fränkischen Kloster Langheim.

Der Grund für die intensive Beschäftigung mit Wetter, Witterung und Klima der Ordensleute lässt sich mit dem Erstreben nach Wohlergehen der klostereigenen Landwirtschaft sowie der angeschlossenen bäuerlichen Betriebe erklären.

Immer mehr Beobachter, nicht nur exponierte Wissenschaftler wie etwa Johannes Kepler oder später Wilhelm Leibniz, Kleriker wie Krug, sondern auch Privatpersonen und ganze Familiendynastien und Fürsten interessierten sich für Wetter und Witterung. (Vgl. GLASER, 2008)

Tabelle 1: Wettertableaus nach den Aufzeichnungen von Stoeffler in Tübingen 1508

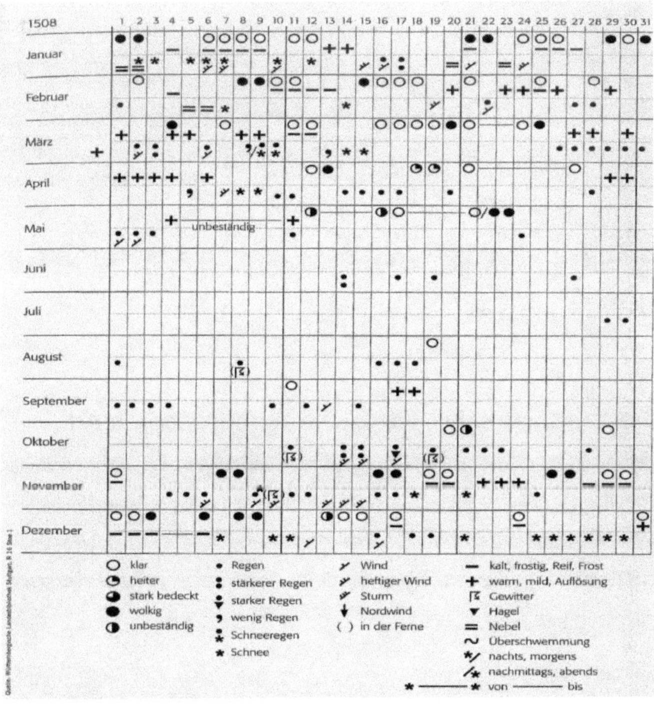

Quelle: GLASER 2001, S. 39

Tabelle 2: Wetteraufzeichnungen des Kilian Leib

Kilian Leib in Rebdorf bei Eichstätt (Bayern)

	Januar	Februar	März	April	Mai	Juni	Juli	August	September	Oktober	November	Dezember
1	❄	O⊔	⊔ϡ	△▲	◑•/	/•◑	◑•	•	•	◑	◑	⊕⊞/
2	❄	O⊔	⊔ϡ	/❄▲•	•↻/	◑	◑	•	●	•‾	•	⊕⊞•/
3	❄	O⊔	O⊔	●	•	◑ϡ/	◑•	•	◑	•	•	•
4	❄	◑	⊔ϡ❄	◑	•	•	•	•	•	•	•w	◑k
5	/≡•❄⊞/	O	⊔❄	◑	•	△•/	◑	•	•	•	•	◑k
6	△	•	◑k	Oϡ	•↻/	•↻/	◑	•	•	•	◑/•	◑k
7	⊞•w	◑	⊔ϡ❄	O⊔	•	•	O	O	●	◑	•	◑k
8	≡w	◑	❄	◑	●k	◑	O	O	•	O	/•	❄⊞
9	≡w	≡O/	•	△▲•/	◑	◑	O	•↻/	O	/t●	△	◑w
10	•w	●	❄▲	ϡ	◑•/	O•/	O	•↻	O	●•	◑	⊞
11	•w	●	△	◑kϡ	≡•	≡•/	•↻	•	◑	●O/	◑	•
12	•≡w	❄	●•	◑	/≡•	◑•/	•	◑	•	●O/	◑⊔	•
13	•w	/❄	●	◑⊔	•	•	•‾	◑	●	O	◑	•w/
14	❄	●❄	◑	◑⊔	•↻/	x	•‾	•◑/	•▲	●/•	◑k	•
15	❄	❄	Oϡ	◑kϡ	•/	•	O	•	◑	•	●kϡ	•/❄
16	❄	●k	/⊔O	kϡ	/•	◑	◑	◑•	/⊔◑	Ok	❄	❄
17	●kϡ	●/k	/O⊔●•	⊔ϡ	≡•/	◑	◑•/	•	•	◑k	△	◑
18	●	x	•	●⊔	≡	•	/kO	◑	◑⊔	Ok	△	❄
19	△	•ϡ	•	●⊔	•	•	O	◑/•	●⊔ϡ	•‾	/•	◑
20	❄	•	•	•/	◑	•	O	/•◑	◑	◑	●	◑⊔❄
21	O⊔	•ϡ	●	●	•/	•	/O△•/	◑	•	•‾	•	/Ok❄/
22	O⊔	◑/❄	ϡ	◑ϡ	•	•	•	•	◑	◑w	•	△
23	O⊔	•	/△▲	◑ϡ	•	•	△•	•	◑	•w	●O/	◑
24	O⊔	/•	◑	ϡ•/	•↻	◑≡	◑w	Ow	◑	w	/•●	⊔≡
25	O⊔	/•	•	ϡ•/	Ow	△	•↻	Ow	•	w/•	◑	⊔≡
26	❄	/▲ϡO	/●•ϡ❄	O	•↻/	/•O	◑	Ow	●t	w	O	•
27	O⊔	/⊔❄	•	O⊔	◑	•	•↻/	Ow	•	•	O	•
28	O⊔	❄	•	◑ϡ/	◑	•	↻	O•/	•	●w	O	•‾
29	O⊔		O⊔	●ϡ	•	△•	•	◑	•	●w	◑w	◑
30	O⊔		/⊔●O	↻•/	•k	•	•‾◑	O	●kϡ	/•	•	•
31	O⊔		/≡●		•		•‾◑	•		w		◑

Legende

/ x	nachts, morgens
x /	nachmittags, abends
↻	Gewitter
ϡ	Wind
△	Sturm
O	leicht bewölkt wolkenlos
●	bedeckt
◑	wechselnd bewölkt
≡	Nebel
t	trocken
w	warm
k	kalt
•	Regen
•ϡ	Sturm und Regen
❄	Schneefall
⊞	Schneeschmelze
▲	Hagel
△	Graupeln
x	keine Beobachtung
‾	intensive Ereignisse sind unterstrichen

Quelle: PFISTER 1999, S. 245

4.3 Tägliche Wetteraufzeichnungen: Rückblicke der besonderen Art

Wetterjournale sind über Jahre hinweg regelmäßig geführte Wetterbeobachtungen, die uns Wetterrück-
blicke der besonderen Art eröffnen. Teilweise sind die Angaben so detailliert und präzise festgehalten,
dass sie in heute übliche Wettersymbole umgesetzt und in Tableaus zusammengefasst werden können.
Es ist möglich sowohl Wetterlage als auch Witterungsgang aus diesen Tableaus, einer Wetterrückschau
gleich, abzulesen.

Tabelle 3: Niederschlags- und Schneefälle

Zahl der Niederschlagstage												
1517	–	–	–	–	–	–	–	–	–	–	–	10
1518	10	10	10	4	4	[2]	[5]	11	13	4	10	3
1519	10	7	4	5	9	5	10	10	10	8	9	5
1520	10	13	11	[5]	7	10	9	12	12	–	–	–
(a)	14,8	13,7	13,9	13,8	12,8	13,0	13,5	13,2	12,4	14,5	14,4	16,7
(b)	9,4	8,2	9,0	8,7	8,7	9,0	9,6	9,2	8,7	9,4	9,2	11,1

Zahl der Schneefalltage												
1517	–	–	–	–	–	–	–	–	–	–	–	3
1518	7	5	2								2	2
1519	2	5	3								3	2
1520	6	3								–	–	–
(a)	6,4	5,5	4,3	1,5	0,2	0	0	0	0	0,2	2,1	4,6

[ ] = Daten nicht vollständig; – = keine Daten

Quelle: GLASER 2008, S. 40

Die Tabelle 3 zeigt ein Beispiel für eine Wetterbeobachtung des Kurfürsten August I. von Sachsen, der in den Jahren 1576, 1579, 1580, 1582 und 1583 tägliche Wetterbeobachtungen durchführte bzw. durchführen ließ. (Vgl. GLASER, 2008)

Wie schon erwähnt fanden im 15. Jahrhundert zwei bedeutende Entwicklungen statt; der Aufstieg der Astronomie zum führenden Zweig der Wissenschaft und die Erfindung des Buchdrucks.

Der Astronom Johannes Müller (1436-1476) gründete die erste Druckerei zur Editierung mathematischer Texte in Nürnberg., wo auch der erste deutsche astronomische Kalender 1474 mit dem Titel „De Monte Regio Emphemerides ab anno 1475-1506" gedruckt wurde. Im 16. Jahrhundert erschienen 11 weitere deutsche Ausgaben dieses Kalenders mit einer Auflage von über 100 000 Stück. (Siehe Abb. 5,6 und 7) (Vgl. PFISTER, 1999)

Solch ein astronomischer Kalender enthält tägliche Darstellungen der Kalenderdaten für ca. 1-2 Jahre im Voraus, die dazugehörigen Heiligennamen sowie die vorausberechneten Positionen der Planeten, zu denen auch Mond und Sonne gerechnet wurden. Für jeden Monat hatte man eine Doppelseite zur Verfügung, wobei auf der zweiten Seite für jeden Tag einige Zentimeter Raum freigelassen wurden.

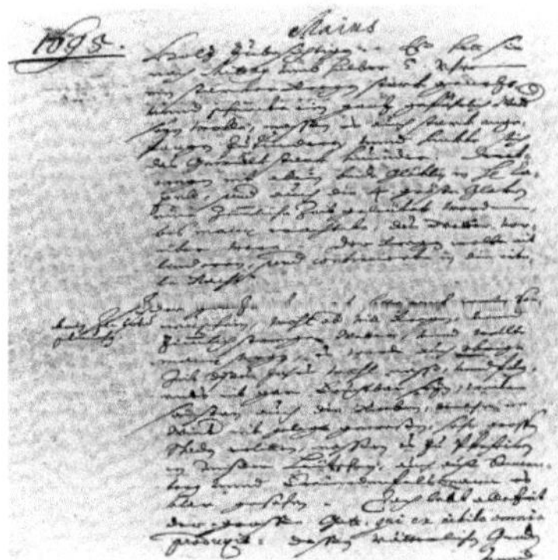

Abb. 5: Witterungstagebuch von Wolfgang
Haller, 1573
Quelle: PFISTER 1999, S. 23

Abb. 6: Meteorolog. Aufzeichnungen
Quelle: PFISTER 1999, S. 19

13

Darin konnte man persönliche Notizen, auch stichwortartige Zusammenfassungen des Witterungscharakters, eintragen. (Vgl. PFISTER, 1999)

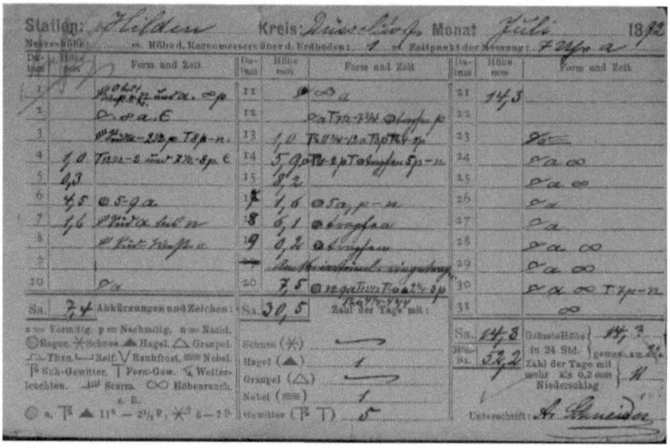

Abb. 7: Tägliche Wetteraufzeichnungen
Quelle: www.hisklid.de

4.4 Schiffsjournale: Vom Wetter auf See

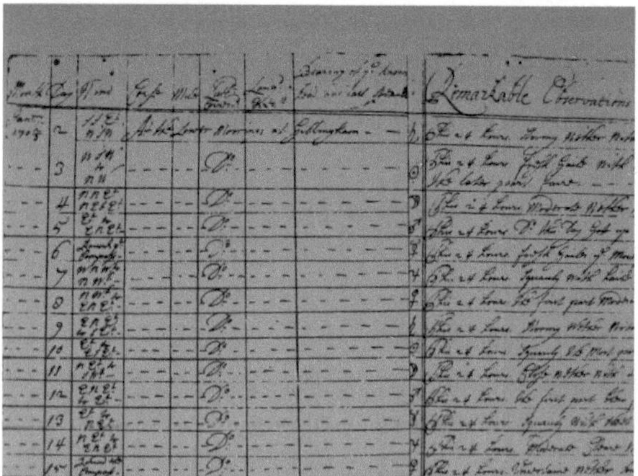

Der Grund weshalb Schiffstagebücher in der Historischen Klimatologie nur selten herangezogen werden liegt auf der Hand. Zum einen gibt es nur sehr wenige klimatologisch wertvolle Schiffstagebücher, zum anderen wegen des ständigen Standortwechsels. Es ist sehr mühsam und zeitaufwändig die

Abb. 8: Schiffslogbuch vom 2. – 27. Januar 1702
Quelle: LAMB 1982, S. 80

Daten aufzuarbeiten, denn zuerst müsste die genaue Fahrtroute des Schiffes rekonstruiert werden. Es verwundert deshalb nicht, dass sich die ersten Ansätze auf viel befahrenen Routen, wie z.B. nach Nordamerika, konzentrieren. Auch wenn die Daten messtechnisch nicht ohne Fehler sind, sind sie dennoch von großer Bedeutung, da die Beobachtungen auf Schiffen, im Gegensatz zu den Beobachtungen an Land, zumeist regelmäßig und mit großer Sorgfalt durchgeführt wurden. Die Beobachter führten die Wetterbeobachtungen deshalb so regelmäßig und gewissenhaft aus, da sie sich der Bedeutung der Wetterlagen sowie deren möglichen Konsequenzen durchaus bewusst waren. Zusätzlich zu den jeweiligen Witterungslagen wurden auch die Windrichtung sowie die Windstärke erfasst. (Siehe Abbildung 8)

Wann genau die Seefahrer damit anfingen ihre Beobachtungen in Schiffslogs einzutragen ist unklar. Gewiss ist jedoch, dass es portugiesische Seeleute waren, die im 15. Jahrhundert mit Aufzeichnungen zu Wind- und Strömungsverhältnissen begannen. (Vgl. GLASER, 2008)

4.5 Itinerare: Vom Wetter unterwegs

Analog zu den auf dem Wasser verfassten Wetteraufzeichnungen gibt e auch Berichte, die während Reisen an Land erstellt wurden. Diese sogenannten Itinerare enthalten einige interessante klimatologische Informationen. Neben literarischen Größen wie Goethe auf seiner italienischen Reise oder Schiller auf seiner Flucht nach Thüringen 1783 waren es vor allem Geistliche und Kaufleute, die regelmäßig auf Reisen gingen und ihre Beobachtungen weiterführten.

Ebenso wie bei den Schiffsjournalen haben auch die Itinerare das Problem der wechselnden Standorte im Vordergrund. Lösungsansätze und Methoden der Interpretation folgen daher auch den selben Grundsätzen wie bei den Daten die von Schiffen aus erstellt wurden. Eine kleine Unterscheidung gibt es dennoch zu den Schiffsjournalen in denen der Wind die bedeutendste Rolle spielte; in den Itineraren wurden vielmehr die klassischen Elemente wie Temperatur und Niederschlag sowie der Zustand der Wege beschrieben. (Vgl. GLASER, 2008)

4.6 Gemalt, gepinselt und gehämmert: Bildhafte und plastische Informationen zum historischen Klima

Nicht nur die eben behandelten schriftlichen Belege historischer Wetter-, Witterungs- und Klimaereignisse sind von großer Bedeutung für die Historische Klimatologie, sondern auch Illustrationen, Gemälde, Drucke und Bilder, Schautafeln und Reliefs bezeugen die historischen

Abb. 9:Hochwasser bei St. Jakob an der Sihl, Juli 1562
Quelle: PFISTER 1999, S. 216

Ereignisse und Zustände. Schon sehr früh wurden eben diese Medien analysiert um z.B. die Gletscher-
stände im

Alpenraum zu rekonstruieren. (Vgl. GROVE, 1988)

Oftmals wurden schneereiche Winterlandschaften und Eistreiben auf zugefrorenen Seen und Flüssen
auf Gemälden dargestellt, die als sehr anschauliche Belege für die Abkühlungsphasen während der
Kleinen Eiszeit gelten (Anfang 15. Jahrhundert bis 19. Jahrhundert).

Drohten außergewöhnliche Wetterereignisse eine Region heimzusuchen, so wurden sogenannte Flugschriften in spektakulärer Aufmachung und in eindrucksvollen Ausführungen in drastischen Farbtönen
unter der Bevölkerung verteilt, in denen meist, ähnlich wie in den Chroniken und Annalen, meist katastrophale Witterungsereignisse, oft auch übertrieben, geschildert wurden.

Zu den bildhaften Belegen zählen neben den Flugschriften ebenso Hochwassermarken, die von extremen Hochwasserereignissen zeugen.

Zusammenfassend lässt sich sagen, dass es sich hierbei um sehr eindrucksvolle visuelle Informations-
träger handelt, deren wissenschaftlicher Erkenntniswert in Ergänzung zu den textlichen Quellen gesehen werden muss. (Vgl. GLASER, 2008)

Abb. 11: Gewitter
Quelle: www.hisclid.de

Abb. 10: Starke Unwetter
Quelle: PFISTER 1999, S. 218

4.7 Proxydaten

Proxy = Stellvertretung, Ersatz: Dieser Begriff wurde erst in den letzten Jahren zu einem Sammelbegriff. Im Gegensatz zu direkt instrumentell gemessenen und visuell beobachteten Datenreihen von Klimaelementen handelt es sich bei den Proxydaten um indirekt gewonnene Daten und Informationen über Klimaereignisse und –schwankungen, zum Teil mittels physikalischer Messverfahren (Sauerstoffisotopenverfahren, C14 – Methode). Die wichtigsten Proxydaten sind: Baumringe, Gletscherbewegungen, Eis- und Tiefseebohrkerne, Binnenseesedimente, Pflanzenpollen, Veränderungen an den Küstenlinien der Ozeane aber auch historische Aufzeichnungen über Hochwasser, strenge Winter und Missernten. Auch wenn die Proxydaten wegen ihrer geringen klimatologischen Aussagkraft und aufgrund der Problematik ihrer zeitlichen Zuordnung den auf direkter Messung beruhenden Datenreihen unterlegen sind, haben sie dennoch die Kenntnisse über vergangene Klimate erheblich erweitert. (Vgl. DUDEN, 1988)

4.8 Beispiel einer Klimawahrnehmung

Die Komplexität der Erkenntnisformen wird nun am Beispiel eines Quellentextes aus dem Jahr 1524 dargestellt. *„Viel Schnee gab im Frühling grosses gewesser welches sehr gefahrlich gewesen. Umb Pfinsten (15.05.) fiel unversehener Frost ein, davon der Winstock erfroren. Man sah auch fast aller orthen in Francken drei Sonnen mit einem runden Regenbogen und schiene die rechte als ein feurige Kugel so etliche Tage gewehret, worauff hernach der Bauernkrieg gefolget. Sind auch totum anum verfaulete Vögel als Kräen und Dohlen wieder aneinander gezogen und haben miteinander heftig gestritten. Die Wasser lieffen an, haben und entstanden etliche Feuersbrunsten."* (ALBRECHT-CHRONIK) Dieses naturwissenschaftliche Phänomen wird zunächst nüchtern beschrieben, jodoch ist es nicht eindeutig klar, ob das außergewöhnliche Ereignis des Regenbogens mit den drei Sonnen realistisch oder aber auch symbolisch aufgefasst werden soll. Für die Symbolhaftigkeit spricht die Alegorie der „verfaulten Vögel" welche „widereinander gezogen sind.". Doch es könnte sich durchaus um eine reale Begebenheit handeln, denn das Auftreten von Nebensonnen kann durch vulkanogene Partikeleinträge in die Atmosphäre sowie durch Spiegelungen erklärt werden.

Jedoch weiß man aus verlässlichen Quellen, dass die Nebensonne als biblisches Zeichen des Krieges gilt, worauf auch die Verknüpfung mit dem Bauernkrieg hindeutet. Die Nebensonnen können allerdings auch mit Niederschlagsereignissen in Verbindung gebracht werden, was bei der vorliegenden Quelle gegeben ist, da von „grossen Gewessern" gesprochen wird.

Dieses Beispiel verdeutlicht die Tatsache, dass die Beobachter ihr Wissen aus vielen Erkenntnisformen schöpfen und diese verschiedenen Ebenen miteinander vermischen. (Vgl. GLASER, 2008)

5 Methoden zur Klimarekonstruktion

5.1 Die quellenkritische Interpretation von schriftlichen Quellenhinweisen

Sämtliche schriftlich verfasste Quellen sind sehr subjektiv gehalten und können deshalb grobe Fehler enthalten oder haben einen manipulativen Charakter. Diese Tatsache resultiert auf dem zugrundeliegenden individuellen Werteschema des Beobachters, der somit seine Umwelt nur modifiziert wieder gibt. Deshalb ist es unabdinglich vor der eigentlichen Analyse die schriftlichen Quellen quellenkritisch zu überprüfen. (Vgl. GLASER, 2008)

Bei den quellenkritischen Auseinandersetzung mit den schriftlichen Quellen sind bis heute zahlreiche Ansätze verwendet worden. Jäger untersuchte den Menschen in Relation zu seiner Umwelt, das ganze im historischen Zusammenhang gesehen. (Vgl. JÄGER, 1990) Daneben existieren zahlreiche quellenkritische Ansätze in denen grundlegende Prinzipien formuliert werden, Vertreter dieser Ansätze sind z.B. Ingram, Lenderhill & Farmer. (Vgl. INGRAM, LENDERHILL & FARMER, 1981) Baron hingegen konzentrierte sich bei seinen klimatologischen Auseinandersetzungen mit Nordamerika vornehmlich auf die sprachliche Komponente in den Quellen. Der letzte Ansatz befasst sich hauptsächlich mit wahrnehmungs- und verhaltensorientierten Komponenten. (Vgl. BARON, 1982)

Bei allen diesen fünf quellenkritischen Ansätzen steht jedoch die Subjektivität im Vordergrund. Diese Tatsache gilt im Übrigen auch für die Interpretation der Textquellen.

Folgende Leitfragen muss der Interpret sich vor der Analyse der Textquellen stellen:

- Welchen Ausbildungsstand besaß der Beobachter?
- Welche Motivation bewog den Autor, witterungsklimatische Beobachtungen durchzuführen?
- Welchen Beruf hatte der Beobachter?
- Welches Alter besaß er zum Zeitpunkt der Beobachtung?
- Gibt es Hinweise auf die allgemeinen und speziellen Lebensumstände?
- Wie kann das allgemeine Wahrnehmungsvermögen aus anderen, nicht klimatischen Sachverhalten beurteilt werden?
- Welcher Zeitgeist herrschte?
- Welchen speziellen Erkenntnisstand gab es über Wetter, Witterung und Klima?
- Welche Datierung wurde zugrunde gelegt?

Jedoch treten bei der Datierung immer wieder gravierende Probleme auf. Oft wurden die Ereignisse nicht mit dem tatsächlichen Datum versehen, sondern auf die nächstgelegenen Heiligentage bezogen. Auch gab es früher eine andere jahreszeitliche Zuordnung und Begrifflichkeit als heute, der Winter wurde z.B. mit der Zeit der Schneebedeckung gleichgesetzt, andere ältere Quellen unterschieden nur zwischen Winter und Sommer. Als im Jahr 1582 die Kalenderreform durchgeführt wurde, waren noch beide Zählweisen, sowohl die julianische als auch der gregorianische Kalender gültig. (Vgl. GLASER, 2008)

5.2 Quelle – Index – Klimawert: Die Transformation schriftlicher Klimahinweise

Nachdem die historischen Quellen kritisch beäugt wurden stellt sich nun die Frage wie diese schriftlichen klimatologischen Hinweise richtig ausgewertet und in deskriptive Klimawerte transformiert werden können. Der Ausgangspunkt einer klimatischen Analyse ist immer die sprachliche Differenzierung der Quellenangaben. Zunächst werden semantische Profile, d.h. Listungen und Klassifizierungen der verschiedenen Begriffe, erstellt um so die ersten Abstufungen zu erhalten, die erst jetzt in Indexwerte übertragen werden können. Durch diese Abstufungen wird auf die Intensität der klimatischen Ereignisse und Zustände geschlossen. Diese Abstufungen werden auch als Klassen oder Intensitätsstufen bezeichnet. Weist man diesen wiederum einen numerischen Wert zu, so erhält man Indizes. Für diese Art der Ableitung verwendet man nicht nur schriftliche Quellen, sondern auch Erkenntnisse aus Proxydaten sowie Erkenntnisse aus frühen Instrumentenmessdaten. Die Indizes sind also eine Synthese aus schriftlichen Quellen, Erkenntnissen aus Naturarchiven und aus objektivierbaren, messtechnischen Daten. Diese Vorgehensweise wird auch als integratives Verfahren bezeichnet.

Die zur Verfügung stehenden Daten werden zudem noch von Quellenangaben benachbarter Regionen ergänzt, denn ein strenger Winter z.B. erstreckt sich über größere Flächen und ist deshalb in mehreren Regionen zu spüren. Für die Indexbildung steht also ein breites Kriterienspektrum zur Verfügung, welches sowohl quellenkritische hermeneutische, als auch quantitative, ökologische und klimatologische Kriterien beinhaltet. (Vgl. GLASER, 2008)

5.2.1 Indizes: Von der Beobachtung zum Zahlenwert

Wenn in den historischen Quellen lediglich Hinweise auf mittlere-, über- und unterdurchschnittliche Ausprägungen vorhanden sind, so spricht man von ungewichteten Indizes.

Ein Großteil der erhaltenen Aufzeichnungen sind weniger systematisch oder wissenschaftlich, sondern eher sporadische Hinweise auf die Witterungssituation, wie etwa „es war ein warmer Sommer" oder „ein unentsgrätzlich kalter Winter". Solche Daten werden nun in sogenannte Indizes umgesetzt. Dabei weist man den in den Texten zum Ausdruck gebrachen Intensitätsstufen entsprechende Zahlenwerte zu. So gibt man beispielsweise „sehr heiß" den Wert +3, „heiß" erhält +2, „warm" 1 und schließlich „durchschnittlich" den Wert O. Durch dieses Verfahren werden ungewichtete Indizes gewonnen, die bereits semiquantitative Zeitreihen darstellen und mit Hilfe von Regressionsrechnungen in Temperatur- und Niederschlagswerte umgesetzt werden können. (hisklid)

Jedoch lassen sich auch je nach Differenzierung und Informationsgehalt der Quellen mehrstufige Klassen bilden, die zu den gewichteten Indizes führen. Es ist jedoch nicht möglich eine allgemein richtige Klassenzahl zu bestimmen. Diese sollte daher eine möglichst große Klassenzahl umfassen, aber auch Scheingenauigkeiten vermeiden. Die Anzahl der Klassenbildungen sowie die zeitliche Auflösung hängen von Qualität und Informationsgehalt der Quellen ab.

Zeiträume die schlechter belegt sind werden mit Hilfe von übergreifenden Zeitintervallen analysiert, höher aufgelöste Abschnitte hingegen können sogar in monatliche oder saisonale Indizes transformiert werden.

Die deskriptiven Angaben werden also in semiquantitative Zeitreihen umgeschrieben, was eine objektivierbare Auswertung durch statistische Verfahren wie Filterungen, Häufigkeitsanalysen oder sonstigen Zeitreihungsuntersuchungen eröffnet. Damit besteht die Möglichkeit diese durch statistische Verfahren zu kalibrieren, sie also mit absoluten Klimawerten in Beziehung zu setzen. Es entstehen somit quantifizierbare Daten. (Vgl. GLASER, 2008)

Mit semiquantitativen Zeitreihen beschäftigten sich u.a. Brooks in dem er 50jährige Indizes der Feuchte und Winterstrenge ableitete, Easton und Lamb, die einen weiterführenden methodischen Ansatz verfolgten, als sie 10jährige Indizes der Winterstrenge und Sommerfeuchte aus historischen Quellen ableiteten. Dieser methodischer Weg wird heute noch von einigen Klimatologen zum Vergleich mit aktuellen Messdaten herangezogen. In der neueren Literatur beschäftigten sich vor allem Pfister und Glaser wie oben beschrieben mit dem Zeitraum ab 1500 und lösten diesen monatlich auf. (Vgl. BROOKS, 1926; EASTON, 1928; LAMB, 1977, GLASER, 2008)

5.2.2 Die Ableitung des saisonalen Dezennienindex

„Der Dezennienindex stellt für jedes Jahrzehnt die Differenz der zu kalten und zu warmen bzw. zu feuchten und zu trockenen Jahreszeiten dar." Die aus Quellen und Proxydaten gewonnenen Indizes werden hierfür aus der historischen Phase vor der Instrumentenmessung verwendet.

Bei 0,75facher Abweichung vom Mittelwert der Vergleichsperiode (1951-1980), bei Instrumentenmessung spricht man vom Über- oder Unterschreiten der „normalen" Ereignisse. Diese Darstellung vermittelt die thermische Grundprägung des jeweiligen Jahrzehnts über die Anzahl der über- und unterdurchschnittlichen Ereignisse. Diese Methode bringt den Vorteil mit sich, dass nicht nur seit Beginn der Instrumentenmessung Werte für diesen Index vorliegen, sondern schon Zeitabschnitte von vor 1500 analysiert werden können. (Vgl. GLASER, 2008)

5.2.3 Auszählungen und Zählwerte: ein deskriptiv-statistischer Pfad

Noch mehr Erkenntnisse über Klimawerte und Wetterphänomene können durch Auszählungen von einzelnen Werten gewonnen werten. Liegen dieselben Beobachtungen aus moderneren Phasen vor, so kann man im Vergleich dazu die Abweichungen bestimmter Perioden oder einzelner Jahre erkennen. Dieses Verfahren wird in der Fachliteratur oftmals als deskriptiv-statische Vorgehensweise bezeichnet.

Das vorliegende Beispiel, die Aufzeichnungen des Mainzer Hofastronomen Johannes Indagines von 1507, verdeutlicht diese deskriptiv-statistische Methode noch einmal. Aus den Quellen kann entnommen werden, dass die Beobachtungen in Mainz gemacht wurden, dass sich jedoch ein Teil der Ausführungen auf den Rheingau beziehen.

Der Abschnitt zwischen 1517-1520 wurde als erstes ausgewertet, da er nahezu tägliche Aufzeichnung enthält. (siehe Tabelle 3)

Dieser Tabelle ist schon eine wesentliche Tendenz des monatlichen Witterungsganges zu entnehmen, dennoch treten auch erste grundlegende methodische Probleme auf. Wenn man als Kriterium das Niederschlagsereignis bei 0,1mm ansetzt, so unterscheiden sich die Niederschlagstage der historischen Phase und der Vergleichsperiode deutlich, denn die historische Phase ist leicht unterbelegt.

Indagines erkannte offenbar einige Niederschlagsereignisse nicht als solche an, wie andere Beobachter übrigens auch, wobei Niederschlagsereignisse dieser Größenordnung auch ohne Instrumentenmessung an nassen Straßen und Dächern auszumachen sind. Wahrscheinlich waren Unterbrechungen während der Nacht der hauptsächliche Grund für diese Unterbelegung.

Ganz im Gegenteil dazu wurden von Indagines die Niederschlagstage mit einem gefallenen Niederschlag von 1,0mm zu hoch, im Vergleich zur Vergleichsperiode, angesetzt. Interessanterweise weisen auch Aufzeichnungen aus anderen europäischen Regionen diese Grundtendenzen auf.

Der größte Teil der Angaben des Wetterjournals bezieht sich auf die thermische Prägung. Um eine objektive Einschätzung der einzelnen Monate zu erreichen stellte man die als mild oder warm empfundenen Tage den als kalt oder kühl empfundenen Tagesangaben gegenüber. Somit war es möglich den einst subjektiven Eindruck der Temperatur zu objektivieren.

Bei genauerer Betrachtung der Tabelle fällt auf, dass die Wertungen über den Mai, in denen in allen Jahren ein überwiegen der kühlen und kalten Tage festgehalten wird. Während sich im März die Angaben in allen drei Jahren etwa gleich verhielten, traten in den Sommer- und Wintermonaten die saisonal zu erwartenden Gewichtungen auf, dabei jedoch mit gravierenden Unterschieden zwischen den einzelnen Jahren.

Im Ganzen gesehen unterscheiden sich diese Jahre nicht sonderlich vom heutigen Klimageschehen. Grundsätzlich kann mit diesem simplen Zählverfahren bereits eine erste Einordnung gegeben werden. (Vgl. GLASER, 2008)

6 Zusammenfassung

Schon seit den Griechen standen Wetter, Witterung und Klima unter ständiger Beobachtung des Menschen, sei es in Form von schriftlichen Annalen und Chroniken, in Form von Witterungstagebüchern oder bildhaft in Form von Gemälden und Fotographien.

Jedoch darf der große Einfluss der verschiedenen Geisteshaltungen und Erklärungsansätze bei der Analyse der Witterungsdaten nicht außer Acht gelassen werden. Schon in der Antike bei Aristoteles fand eine Differenzierung in die unterschiedlichen Erkenntnisformen statt, die in der nachfolgenden Zeit fortgeführt, neu entwickelt und modernisiert wurden.

 Die Wetterbeobachter schöpften ihr Wissen oftmals aus mehreren verschiedenen Erkenntnisebenen, so dass sich dadurch immer wieder neue Ansätze herausbildeten.

Daher spiegeln etliche Wetterbeobachter den jeweils herrschenden Zeitgeist wider, welcher die subjektive Klimawahrnehmung überstrahlt.

Deshalb ist es in der Forschung der Historischen Klimatologie unbedingt notwendig, die Quellen kritisch zu betrachten und die Denkweise der jeweiligen Zeit für die Analyse zu berücksichtigen um fehlerhafte Daten zu vermeiden.

Ausblick

Das Aufkommen der ersten Messgeräte im 16. Jahrhundert eröffnete der Klimatologie neue Forschungsmöglichkeiten und damit neue Perspektiven, denn erstmals waren die gewonnen Daten objektivierbar, da es sich hierbei um metrische Daten handelt.

Zunächst stand die Erfassung des Niederschlags im Interessensfeld der Forscher. Von Vincentius Viviani wurde erstmals eine Methode zur quantitativen Erfassung des Niederschlags entwickelt, kurze Zeit später (1597) erfand Galileo Galilei das erste Temperaturmessgerät, das von Fahrenheit, Réaumur und Celsius noch weiter verbessert und entwickelt wurde. In Mitteleuropa verbreitete sich die Instrumentenmessung erst im 17. Jahrhundert. Hier waren Leibniz und Mariotte die treibenden Kräfte. Doch hin zu den modernen Klimadatenmessgeräten in der heutigen Zeit ist es noch ein langer weg, die historischen Datenmessgeräte können jedoch als Brückenschlag zur Moderne gesehen werden.

Literatur

BARON, W.R. (1982): The reconstruction of eighteenth century temperature records through the use of content analysis. In: Climatic exchange, Ausg. 4, S. 285-298

BLÜTHGEN, J. (1980): Allgemeine Klimageographie, 3. neu bearb. Aufl., Berlin, 887 S.

BROOKS, C.E.P. (1926): Climate through the ages, London, 439 S.

DUDEN (1988): Schülerduden „Wetter und Klima", Mannheim, 436 S.

EASTON, C. (1928): Les hivers dans l'Europe occidentale, Leyden, 210 S.

GLASER, R. (2008): Klimageschichte Mitteleuropas, Darmstadt, 264 S.

GROVE, J.M. (1988): The little Ice Age, London, 498 S.

HÖFFNER, J.; BENGSCH, A. et al. (1980): Die Bibel – Einheitsübersetzung, Stuttgart, 1460 S.

INGRAM, M.J., UNDERHILL, D.J., FARMER, G. (1981): The use of documentary sources for the study of past climates. In: WIGLEY, T.M.L., INGRAM, M.J., FARMER, G. eds: Climate and history studies in past climates and their impact on man, London, S. 180-213

JÄGER, H. (1990): Wie man vor Augen sieht. Mittelalterliche und frühneuzeitliche Umweltwahrnehmung und -nutzung vornehmlich nach Quellen aus Altpreußen In: Berliner Geographische Abhandlungen, Heft 53, S. 243-250

KRETSCHMER, K. (1889): Die physische Erdkunde im christlichen Mittelalter – Versuch einer quellenmäßigen Darstellung ihrer historischen Entwicklung, Wien 150 S.

LAMB, H.H. (1977): Climate: Present, past and future, London, 835 S.

LAMB, H.H. (1982): Climate, history and the modern world, London, 387 S.

PFISTER, Chr. (1999): Wetternachhersage, Bern, 304 S.

SCHÖNWIESE, Chr.-D. (1994): Klima im Wandel, Reinbek bei Hamburg, 254 S.

SCHÖNWIESE, Chr.-D. (2003): Klimatologie, 2. neu bearb. und aktual. Aufl., Stuttgart, 440 S.

Albrecht-Chronik, StA. Rothenburg, Bd. 27

www.hisklid.de